悦美家装新图典

◎ 锐扬图书 编

背景墙

海峡出版发行集团
THE STRAITS PUBLISHING & DISTRIBUTING GROUP
福建科学技术出版社
FUJIAN SCIENCE & TECHNOLOGY PUBLISHING HOUSE

图书在版编目（CIP）数据

悦美家装新图典. 背景墙 / 锐扬图书编. —福州：福建科学技术出版社，2017.5
ISBN 978-7-5335-5296-1

Ⅰ. ①悦… Ⅱ. ①锐… Ⅲ. ①住宅 - 装饰墙 - 室内装修 - 建筑设计 - 图集 Ⅳ. ①TU767-64

中国版本图书馆CIP数据核字（2017）第076339号

书　　名　悦美家装新图典　背景墙
编　　者　锐扬图书
出版发行　海峡出版发行集团
　　　　　福建科学技术出版社
社　　址　福州市东水路76号（邮编350001）
网　　址　www.fjstp.com
经　　销　福建新华发行（集团）有限责任公司
印　　刷　福建新华印刷有限责任公司
开　　本　889毫米×1194毫米　1/16
印　　张　8
图　　文　128码
版　　次　2017年5月第1版
印　　次　2017年5月第1次印刷
书　　号　ISBN　978-7-5335-5296-1
定　　价　39.80元

目录 Contents

电视背景墙

黑胡桃木窗棂造型贴茶镜

黑镜装饰线

白色乳胶漆

▶ 按照设计图，将背景墙砌成图中造型，墙面用水泥砂浆找平，木工板打底做出镜面基层，用环保玻璃胶将灰镜固定在底板上；剩余墙面满刮三遍腻子，用砂纸打磨光滑，刷一层基膜后粘贴壁纸；最后安装订制的木质花格及踢脚线。

主要材质：① 装饰灰镜

② 木质花格

③ 木质踢脚线

客厅电视背景墙设计应遵循哪些原则

1.电视背景墙设计不能凌乱复杂，以简洁明快为好。墙面是人们视线经常关注的地方，是进门后视线的焦点，就像一个人的脸一样，略施粉黛，便可耳目一新。现在的电视背景墙设计越来越简单，以简约风格为时尚。

2.色彩运用要合理。从色彩对人的心理作用来分析，它可以使房间看起来宽敞，也可以显得狭窄，给人以“凸出”或“凹进”的感觉，既可以使房间变得活跃，也可以使房间显得宁静。

3.不能为做电视背景墙而做电视背景墙，电视背景墙的设计要注意与家居整体的搭配，需要和其他陈设相互配合与映衬，还要考虑其位置的安排及灯光效果。

白色乳胶漆

中花白大理石

白色乳胶漆

马赛克

米色网纹大理石

木质花格贴灰镜

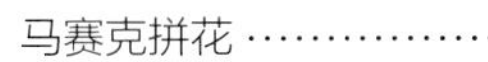

马赛克拼花

白枫木窗棂造型贴银镜

黑色烤漆玻璃

布艺装饰硬包

石膏板拓缝

有色乳胶漆

有色乳胶漆

车边银镜

▶ 墙面用水泥砂浆找平后弹线放样，安装钢结构，用干挂的方式将大理石固定在支架上，用木质收边条收边；剩余墙面满刮三遍腻子，用砂纸打磨光滑，刷一层基膜，用环保白乳胶配合专业壁纸粉将壁纸粘贴固定。

主要材质：① 条纹壁纸
② 米黄大理石
③ 白枫木装饰线

白枫木装饰线

有色乳胶漆

米色人造大理石

雕花烤漆玻璃

仿木纹墙砖

白枫木窗棂造型贴银镜

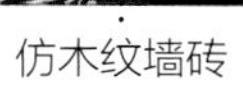

印花壁纸

车边灰镜

红樱桃木饰面板

有色乳胶漆

泰柚木饰面板

黑镜装饰线

黑色烤漆玻璃

皮革软包

有色乳胶漆

白枫木装饰线

◀ 墙面找平后弹线放样确定材质布局，用干挂的方式将大理石固定；剩余墙面用木工板打底，装贴饰面板后刷油漆。

主要材质：❶ 深啡网纹大理石

❷ 米色网纹大理石

❸ 红樱桃木饰面板

▶ 墙面找平后满刮三遍腻子，用砂纸打磨光滑，刷一层基膜，用环保白乳胶配合专业壁纸粉将壁纸固定在墙面上；两侧对称墙面用木工板打底做出镜面基层，用环保玻璃胶将装饰镜面固定在底板上，剩余部分装贴饰面后刷油漆。

主要材质： ① 装饰银镜
② 印花壁纸

深啡网纹大理石　　爵士白大理石

印花壁纸

木纹大理石

印花壁纸

木质搁板

车边茶镜

布艺装饰硬包

印花壁纸

装饰银镜

白枫木饰面板

米色亚光玻化砖

马赛克　　爵士白大理石

浮雕壁纸

客厅电视背景墙的色彩设计应该注意什么

电视背景墙作为客厅装饰的一部分，在色彩的把握上一定要与整个空间的色调相一致，如果电视背景墙色系和客厅的色调不协调，不但会影响观感，还会影响人的心理。电视背景墙的色彩设计要和谐、稳重。电视背景墙的色彩与纹理不宜过分夸张，应以色彩柔和、纹理细腻为原则。一般来说，淡雅的白色、浅蓝色、浅绿色、明亮的黄色、红色饰以浅浅的金色都是不错的搭配，同时，浅颜色可以延伸空间，使空间看起来更大；过分鲜艳的色彩和夸张的纹理容易让人的眼睛感到疲劳，进而会让人有一种压迫感和紧张感。

装饰茶镜

白色板岩砖

米色网纹玻化砖

车边银镜

中花白大理石

◀ 墙面用木工板做出镜面基层，用环保玻璃胶将其粘贴固定，完工后用木质收边条收边；剩余墙面满刮三遍腻子，用砂纸打磨光滑，刷一层基膜后粘贴壁纸；最后用钢钉及胶水将订制的木质花格固定。

主要材质：① 黑镜装饰线
② 白枫木装饰线
③ 肌理壁纸

米色网纹大理石

印花壁纸

装饰银镜

黑镜装饰线

米黄网纹墙砖

白枫木饰面板

木质花格　　印花壁纸

手绘墙饰

仿古墙砖

米色大理石

米白色墙砖

印花壁纸

中花白大理石

◀ 电视背景墙用水泥砂浆找平，用木工板打底并做出肌理造型，用环氧树脂胶将装饰镜固定在底板上，完工后装贴饰面板、刷油漆；剩余墙面满刮三遍腻子，用砂纸打磨光滑，刷一层基膜后粘贴壁纸。

主要材质：① 木质花格贴银镜
② 白枫木饰面板拓缝
③ 印花壁纸

印花壁纸

有色乳胶漆

装饰茶镜

木质花格

◀ 在墙面弹线放样，安装钢结构，用干挂的方式将大理石固定在支架上，完工后用专业勾缝剂填缝；剩余墙面用木工板打底，用环保玻璃胶将装饰镜面固定在底板上。

主要材质： ❶ 米色人造大理石
❷ 黑色镜面玻璃

白枫木格栅

雕花银镜

米黄洞石

爵士白大理石

马赛克

白色板岩砖

木质花格

白色人造石踢脚线

有色乳胶漆　　黑色烤漆玻璃

印花壁纸

白枫木饰面板

如何表现电视背景墙的质感

电视背景墙的质感是装饰材料的表面组织结构、花纹图案、颜色、光泽、透明性等给人的一种综合感觉。装饰材料的软硬、粗细、凹凸、轻重、疏密、冷暖等可以给电视背景墙带来不同的质感。相同的材料可以有不同的质感，如光面大理石与烧毛面大理石、镜面不锈钢板与拉丝不锈钢板等。一般而言，电视背景墙粗糙不平的表面能给人以粗犷豪迈感，而光滑、细致的平面则给人以细腻、精致之美感。

印花壁纸

白枫木格栅贴黑镜

布艺软包

白色板岩砖

不锈钢条

白枫木装饰线

印花壁纸

深啡网纹大理石

印花壁纸

▶ 墙面用水泥砂浆找平，满刮三遍腻子，用砂纸打磨光滑，刷一层基膜，用环保白乳胶配合专业壁纸粉将壁纸固定在墙面上；剩余墙面用粘贴固定的方式将石膏板固定。

主要材质：❶ 石膏板拓缝

❷ 印花壁纸

实木装饰立柱

印花壁纸

仿古墙砖

胡桃木装饰线

车边茶镜

皮革软包

白色乳胶漆

条纹壁纸

石膏板拓缝

印花壁纸

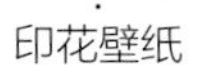

雕花烤漆玻璃

条纹壁纸

米色网纹大理石

白枫木饰面板

▶ 墙面用水泥砂浆找平后弹线放样，确定材质布局，用大理石AB胶将马赛克固定，用湿贴的方式将墙砖粘贴固定，完工后用专业勾缝剂填缝，再用木质收边条收边；剩余墙面用木工板打底，用环保玻璃胶将装饰镜粘贴固定在底板上。

主要材质：❶ 镜面马赛克

❷ 米色墙砖

❸ 白枫木窗棂造型贴银镜

雕花烤漆玻璃

米白色人造大理石

米色网纹大理石

大理石踢脚线

▶ 按照设计图纸，将电视背景墙砌成图中造型，找平后弹线放样，安装钢结构，用干挂的方式将大理石固定在支架上；两侧剩余墙面用木工板打底，装贴饰面板后刷油漆。

主要材质：❶ 浅啡网纹大理石

❷ 红樱桃木饰面板

白色人造大理石

金刚板

车边银镜

马赛克

木质花格

装饰茶镜

中花白大理石

云纹大理石

白色板岩砖

木质踢脚线

白枫木饰面板

有色乳胶漆

红樱桃木饰面板

爵士白大理石

白枫木窗棂造型

印花壁纸

黑色烤漆玻璃

如何用石材装饰电视背景墙

石材在现代装饰中的应用非常广泛，这是因为石材花纹独特、美观耐用，造型非常丰富，表面处理方式丰富多样。石材的多样性，使电视背景墙的表情变得丰富起来，成为客厅中一道不可或缺的风景，成为展现主人品位的一扇窗。家庭装修中，做一面石材电视背景墙，既可以提升主人的品位，也可以提升房间的奢华、大气感。选用一款华美的或者几款精致的石材，通过设计造型和图案，就能打造出一面独具个性、奢华的电视背景墙。

爵士白大理石

条纹壁纸

印花壁纸

茶色烤漆玻璃

石膏板拓缝

黑色烤漆玻璃

印花壁纸

灰白洞石

▶ 墙面用水泥砂浆找平，用点挂的方式将大理石固定在墙面上；两侧对称墙面用木工板打底，用环保玻璃胶将装饰镜面固定在底板上，剩余部分装贴饰面板后刷油漆。

主要材质：① 雕花银镜

② 米黄大理石

黑胡桃木装饰线

米黄大理石

黑镜装饰线

装饰灰镜

爵士白大理石

条纹壁纸

印花壁纸

云纹大理石

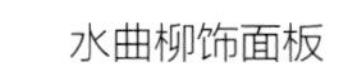

水曲柳饰面板

石膏板肌理造型

白色乳胶漆

米黄色网纹玻化砖

米黄网纹大理石

木纹大理石

▶ 电视背景墙用木工板打底，用环保玻璃胶将烤漆玻璃固定在底板上，用钢钉及胶水将木质搁板固定在指定位置；最后安装装饰硬包。

主要材质：① 黑色烤漆玻璃

② 木质搁板

③ 布艺装饰硬包

石膏板肌理造型

艺术地毯

▶ 按照设计图纸将墙面砌成图中造型，用湿贴的方式将文化石固定；用钢钉及胶水将木质搁板固定；墙面满刮三遍腻子，用砂纸打磨光滑，刷一层基膜后粘贴壁纸；剩余墙面用木工板打底，装贴饰面板后刷油漆。

主要材质：❶ 文化石

❷ 木质搁板

❸ 白枫木饰面板

雕花银镜

有色乳胶漆

白色乳胶漆

红樱桃木饰面板

红樱桃木饰面板

黑胡桃木饰面板

艺术墙贴

中花白大理石

红砖

白色板岩砖

有色乳胶漆　　白枫木装饰线

白枫木饰面板

印花壁纸

如何用木质材料装饰电视背景墙

在木质材料上拼装制作出各种花纹图案是为了增加材料的装饰性，在生产或加工材料时，可以利用不同的工艺将木质材料的表面做成各种不同的表面组织，如粗糙或细致、光滑或凹凸、坚硬或疏松等；可以根据木质材料表面的各种花纹图案来进行装饰；也可以将材料拼镶成各种艺术造型，如拼花墙饰；还可以用杉木条板或松木条板贴在电视背景墙造型上，表面再涂刷一层木器清漆，进行整体装饰，也会达到美观的效果。

条纹壁纸

爵士白大理石

印花壁纸

马赛克

车边银镜

白枫木饰面板

印花壁纸

米色网纹大理石

红砖

▶ 电视背景墙用水泥砂浆找平，木工板打底，用环保玻璃胶将车边银镜固定在底板上，再用木质收边条收边；剩余墙面装饰贴饰面板后刷油漆。

主要材质：❶ 车边银镜

❷ 密度板拓缝

肌理壁纸

直纹斑马木饰面板

雕花茶镜

印花壁纸

文化砖

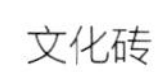

茶色烤漆玻璃

白枫木装饰线

装饰银镜

车边银镜

布艺软包

有色乳胶漆

黑色烤漆玻璃

车边灰镜

马赛克

中花白大理石

米色大理石

肌理壁纸

白色乳胶漆

◀ 墙面用水泥砂浆找平，满刮三遍腻子，用砂纸打磨光滑，刷底漆一遍、面漆两遍；最后用钢钉及胶水将木质搁板固定。

主要材质：① 木质搁板

② 有色乳胶漆

石膏板拓缝

有色乳胶漆

有色乳胶漆

印花壁纸

车边银镜

印花壁纸

沙发背景墙

有色乳胶漆

◀ 沙发背景墙用水泥砂浆找平，木工板打底，用环保玻璃胶将装饰镜固定在底板上，再用蚊钉及胶水将软包固定，完工后用木质收边条收边。

主要材质：❶ 黑色烤漆玻璃
❷ 白枫木装饰线
❸ 皮革软包

黑色烤漆玻璃

米黄色人造大理石

设计沙发背景墙应注意哪些事项

设计沙发背景墙，首先要着眼整体。沙发背景墙对整个室内的装饰及家具起着衬托作用，装饰不能过多过滥，应以简洁为好，色调要明亮一些。灯光布置多以局部照明来处理，并与该区域的顶面灯光相协调，灯壳和灯泡应尽量隐蔽，灯光照度要求不高，光线应避免直射人的脸部。背阴客厅的沙发背景墙忌使用一些沉闷的色调，可以选用浅米黄色柔丝光面砖，墙面可采用浅蓝色调试一下，在不破坏氛围的情况下，能突破暖色的沉闷，较好地起到调节光线的作用。

有色乳胶漆

肌理壁纸

皮革软包

印花壁纸

白枫木饰面板

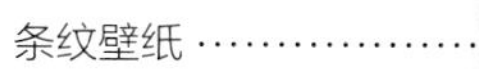

胡桃木装饰立柱

有色乳胶漆

印花壁纸

仿古砖

有色乳胶漆

▶ 沙发背景墙用水泥砂浆找平，满刮三遍腻子，用砂纸打磨光滑，刷一层基膜，用环保白乳胶配合专业壁纸粉将壁纸固定在墙面上；剩余两侧对称墙面用木工板打底，装贴饰面板后刷油漆。

主要材质：❶ 白枫木饰面板

❷ 印花壁纸

有色乳胶漆

羊毛地毯

印花壁纸　白枫木装饰线

有色乳胶漆

印花壁纸

印花壁纸

条纹壁纸

有色乳胶漆

黑色烤漆玻璃

灰白色网纹墙砖

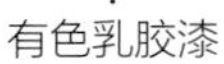

印花壁纸

印花壁纸

白枫木饰面板

有色乳胶漆

米色亚光玻化砖

肌理壁纸

白色乳胶漆

◀ 沙发背景墙用水泥砂浆找平，一部分墙面满刮三遍腻子，用砂纸打磨光滑，刷一层基膜，用粘贴固定的方式将壁纸固定在墙面上；另一部分墙面用木工板打底，装贴饰面板后刷油漆。

主要材质：❶ 印花壁纸

❷ 白枫木饰面板

▶ 墙面用水泥砂浆找平，镜面的基层用木工板打底，用环氧树脂胶将其粘贴固定在底板上，完工后用木质收边条收边；剩余墙面满刮三遍腻子，用砂纸打磨光滑，刷一层基膜后粘贴壁纸。

主要材质：❶ 白枫木装饰线
❷ 条纹壁纸
❸ 装饰银镜

木质花格

金刚板

白色板岩砖

黑胡桃木饰面板

泰柚木饰面板

皮革软包

灰白洞石

白枫木装饰线

木质花格

有色乳胶漆

有色乳胶漆

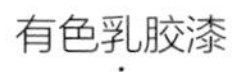
有色乳胶漆

白枫木饰面垭口

马赛克

印花壁纸

有色乳胶漆　白枫木装饰线

印花壁纸

木质搁板

小户型沙发背景墙如何设计

小户型沙发背景墙不宜过于复杂，可运用浅色系，如淡雅的浅粉色，不仅让沙发背景墙不显得过于单调，而且能使客厅充满柔美的姿态。也可以运用大幅风景画撑起沙发背景墙，不仅可以扩充人的视野，也可以使客厅显得更加开阔，让人心情开朗。相比照片墙，这样的装饰画更显大方、典雅。另外，用镜子来装饰沙发背景墙是近年来在小户型中最流行的装饰方法之一，镜子本身也是一种装饰，而镜子里的倒影会让人产生空间的错觉感，让客厅变得开阔起来。不过，单用镜子装饰沙发背景墙会显得过于单一，如果再配以淡雅的壁纸，则可以让墙面变得丰富生动起来。

印花壁纸

爵士白大理石

肌理壁纸

木质花格

◀ 沙发背景墙用水泥砂浆找平后，满刮三遍腻子，用砂纸打磨光滑，刷一层基膜，用环保白乳胶配合专业壁纸粉将壁纸固定在墙面上；剩余墙面用木工板打底，装贴饰面板后刷油漆。

主要材质：❶ 白枫木饰面板

❷ 印花壁纸

印花壁纸

白枫木饰面板

印花壁纸

红樱桃木饰面板

黑胡桃木装饰线

有色乳胶漆

肌理壁纸

白色板岩砖

有色乳胶漆

白色人造大理石

白枫木饰面板

金刚板

▶ 墙面用木工板做出凹凸造型，装贴饰面板后刷油漆；剩余墙面满刮三遍腻子，用砂纸打磨光滑，刷一层基膜，用环保白乳胶配合专业壁纸粉将壁纸固定在墙面上。

主要材质：❶ 印花壁纸

❷ 白枫木装饰线

白色板岩砖

印花壁纸

肌理壁纸

羊毛地毯

◀ 墙面用木工板做出镜面的基层，用环氧树脂胶将装饰镜面固定在底板上；剩余部分装贴饰面板后刷油漆；中间墙面满刮三遍腻子，用砂纸打磨光滑，刷一层基膜，用环保白乳胶配合专业壁纸粉将壁纸固定在墙面上。

主要材质： ❶ 车边银镜

❷ 肌理壁纸

有色乳胶漆

米白色玻化砖

布艺软包

装饰茶镜

印花壁纸　　白色乳胶漆

白色乳胶漆

印花壁纸

白枫木饰面板

车边灰镜

不锈钢条

印花壁纸

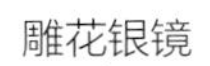

雕花银镜

皮革装饰硬包

白枫木装饰线

有色乳胶漆

黑胡桃木窗棂造型

白枫木装饰线

白枫木装饰线

手绘墙饰

黑色烤漆玻璃

现代简约风格沙发背景墙的装饰设计元素有哪些

现代简约风格沙发背景墙可以搭配不同的元素。例如，简洁的装饰画、素色壁炉、淡黄壁纸搭配藤编装饰，或者用书架背景墙为客厅增添浪漫书香，或是点缀上绿色植物，或者用时尚的收纳家具作为背景墙装饰。此外，可将沙发安置在大大的落地窗前。这些不同的创意都彰显出现代简约风格沙发背景墙的亮丽风采。

印花壁纸

雕花烤漆玻璃

◀ 用木工板打底并做出凹凸造型，用环氧树脂胶将装饰镜固定在底板上，两侧安装订制的装饰立柱；中间墙面满刮三遍腻子，用砂纸打磨光滑，刷一层基膜后粘贴壁纸；最后用蚊钉及胶水将石膏顶角线固定。

主要材质：❶ 雕花银镜

❷ 印花壁纸

印花壁纸

白枫木装饰线

有色乳胶漆

米色玻化砖

泰柚木饰面板

白色乳胶漆

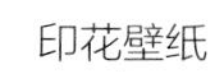

印花壁纸

有色乳胶漆

有色乳胶漆

印花壁纸

车边茶镜

肌理壁纸

木质搁板

有色乳胶漆

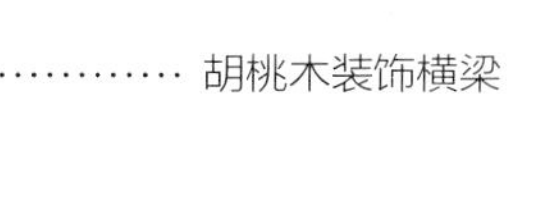

胡桃木装饰横梁

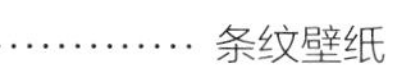

条纹壁纸

▶ 墙面弹线放样安装钢结构，用干挂的方式将大理石固定在支架上；剩余墙面满刮三遍腻子、用砂纸打磨光滑，刷一层基膜，用环保白乳胶配合专业壁纸粉将壁纸固定在墙面上。

主要材质：❶ 车边银镜
❷ 米黄大理石

有色乳胶漆

印花壁纸

米色网纹大理石

有色乳胶漆

◀ 沙发背景墙用木工板打底，用蚊钉及胶水将软包固定在底板上，另一侧墙面用点挂的方式将大理石粘贴固定；剩余部分用木工板做出镜面基层，用环保玻璃胶将装饰镜面固定。

主要材质：❶ 布艺软包

❷ 车边银镜

❸ 米黄大理石

印花壁纸

白枫木饰面板

木纹大理石

木质花格

车边银镜

车边茶镜

装饰灰镜

中式风格沙发背景墙的装饰设计元素有哪些

中式风格沙发背景墙的装饰设计可以运用中国传统的室内陈设元素来装饰，包括字画、匾幅、挂屏、盆景、瓷器、古玩、屏风、博古架等，追求一种修身养性的生活境界。中国传统室内装饰艺术是几千年的历史长河中中华民族智慧的结晶，其特点是总体布局对称、均衡、端正、稳健，而在装饰细节上崇尚自然情趣，对花鸟鱼虫等精雕细琢，富于变化，充分体现出中国传统美学精神。

印花装饰线

条纹壁纸

白枫木装饰线

白枫木饰面板

有色乳胶漆
白枫木饰面板

白枫木装饰线
艺术地毯

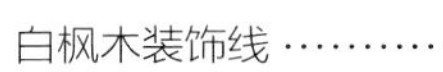

印花壁纸

车边银镜

有色乳胶漆

泰柚木饰面板

灰白色网纹人造大理石

艺术地毯

米色网纹大理石

深啡网纹大理石波打线

餐厅背景墙

装饰银镜

木质搁板

有色乳胶漆

◀ 按照设计图纸将墙面砌成图中造型，墙面满刮三遍腻子，用砂纸打磨光滑，刷一层基膜后粘贴壁纸；剩余墙面刷底漆一遍、面漆两遍；最后安装饰面板。

主要材质：❶ 条纹壁纸

❷ 有色乳胶漆

❸ 泰柚木饰面板

深啡网纹大理石波打线

有色乳胶漆

米色玻化砖

印花壁纸

车边灰镜

茶色烤漆玻璃

白色乳胶漆

车边银镜

◀ 餐厅墙面满刮三遍腻子，用砂纸打磨光滑，一部分墙面刷一层基膜，用环保白乳胶配合专业壁纸粉将壁纸粘贴固定；另一部分墙面刷底漆一遍、面漆两遍；最后安装木质装饰线。

主要材质：❶ 有色乳胶漆

❷ 木质装饰线混油

❸ 条纹壁纸

白色乳胶漆

大理石踢脚线

茶色烤漆玻璃

白桦木饰面板

▶ 餐厅墙面用水泥砂浆找平，木工板打底，用环保玻璃胶将装饰镜面固定在底板上；剩余墙面满刮三遍腻子，用砂纸打磨光滑，刷底漆一遍、面漆两遍。

主要材质：❶ 木质花格贴银镜

❷ 米黄色网纹玻化砖

装饰灰镜

白枫木百叶

泰柚木饰面板

仿木纹壁纸

车边茶镜

印花壁纸

白色乳胶漆

木质踢脚线

餐厅背景墙如何设计

创造具有文化品位的生活环境，是室内设计的一个重点。在现代家庭中，餐厅已日益成为重要的活动场所。餐厅不仅是全家人共同进餐的地方，也是宴请亲朋好友、交谈与休息的地方。餐厅背景墙的装饰除了要参考餐厅整体设计这一基本原则外，还要特别考虑到餐厅的实用功能和美化效果。此外，餐厅背景墙的装饰要突出自己的风格，这与装饰材料的选择有很大关系。显现天然纹理的原木材料，会透出自然淳朴的气息；而深色的墙面则会显得古朴典雅，气韵深沉，营造浓郁的东方情调。

米色玻化砖

钢化清玻璃

有色乳胶漆

印花壁纸

茶镜装饰线

有色乳胶漆

车边灰镜

布艺软包

泰柚木饰面板

有色乳胶漆

中花白大理石

白枫木装饰线

▶ 墙面用水泥砂浆找平，木工板打底，用环保玻璃胶将装饰镜面固定在底板上，完工后用木质收边条收边；剩余墙面满刮三遍腻子，用砂纸打磨光滑，刷一层基膜，用环保白乳胶配合专业壁纸粉将壁纸固定在墙面上。

主要材质：❶ 雕花银镜
❷ 白枫木装饰线
❸ 浮雕壁纸

布艺装饰硬包

车边黑镜

黑白根大理石

密度板拓缝

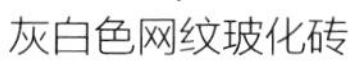

灰白色网纹玻化砖

镜面马赛克

白色乳胶漆

白色抛光墙砖

爵士白大理石

印花壁纸

印花壁纸

车边银镜

金刚板

有色乳胶漆

印花壁纸

云纹玻化砖

▶ 餐厅墙面用木工板打底，用环保玻璃胶将装饰镜面固定在底板上，完工后用木质收边条收边；剩余墙面满刮三遍腻子，用砂纸打磨光滑，刷一层基膜，用环保白乳胶配合专业壁纸粉将壁纸粘贴固定在墙面上。

主要材质：❶ 车边银镜

❷ 肌理壁纸

实木花格

车边灰镜

茶色镜面玻璃

印花壁纸

装饰银镜

雕花黑镜

▶ 餐厅背景墙用湿贴的方式将墙砖固定在墙面上，完工后用专业勾缝剂填缝；用钢钉及胶水将大理石踢脚线固定；最后安装装饰画。

主要材质：❶ 浅啡网纹亚光墙砖

❷ 木纹地砖

米色玻化砖

仿木纹壁纸

车边银镜

雕花银镜

有色乳胶漆

车边银镜

泰柚木饰面板

大理石踢脚线

小户型餐厅背景墙面如何选择壁纸

对于面积较小的餐厅，使用冷色调的壁纸会使空间看起来更大一些。此外，使用一些带有小碎花图案的亮色或者浅淡的暖色调的壁纸，也会达到拓宽视野的效果。中间色系的壁纸加上点缀性的暖色调小碎花，通过图案的色彩对比，也会巧妙地调节人们的观感，在不知不觉中扩大原本狭小的空间。

有色乳胶漆

有色乳胶漆

木质花格

米色大理石

印花壁纸

雕花磨砂玻璃

条纹壁纸

装饰壁布

装饰银镜

▶ 餐厅墙面用水泥砂浆找平，满刮三遍腻子，用砂纸打磨光滑，刷一层基膜后粘贴壁纸；剩余墙面用大理石AB胶将马赛克粘贴固定；最后用木质收边条收边。

主要材质：❶ 印花壁纸
❷ 马赛克
❸ 仿古砖

有色乳胶漆

金刚板

有色乳胶漆

印花壁纸

白枫木饰面板

白色乳胶漆

雕花银镜

车边银镜

印花壁纸

车边银镜

米白色亚光玻化砖

浮雕壁纸

▶ 餐厅墙面用水泥砂浆找平，用大理石AB胶将马赛克固定在墙面上，完工后用木质收边条收边；镜面的基层用木工板打底，用环保玻璃胶将装饰镜固定在底板上。

主要材质：❶ 马赛克

❷ 车边银镜

❸ 米色玻化砖

皮纹砖

有色乳胶漆

有色乳胶漆

木质踢脚线

车边银镜

有色乳胶漆

◀ 餐厅背景墙用水泥砂浆找平，满刮三遍腻子，用砂纸打磨光滑，刷一层基膜，用环保白乳胶配合专业壁纸粉将壁纸固定在墙面上；剩余墙面刷底漆一遍、面漆两遍；最后安装木质装饰线。

主要材质：❶ 白枫木装饰线

❷ 浮雕壁纸

木纹大理石

磨砂玻璃

金刚板

浮雕壁纸

车边银镜

黑色镜面玻璃

有色乳胶漆

有色乳胶漆

金刚板

有色乳胶漆

如何选择餐厅背景墙的装饰画

餐厅背景墙的装饰画不宜过多，宜选用促进食欲的花草画、水果画及风景画等。装饰画的色彩以明快色调为主，红色和橙色能刺激人的食欲。此外，蓝色使人感到温柔和舒适，也可以用浅绿、浅蓝等清洁明快的色调改善餐厅环境，增加活力，增进食欲。

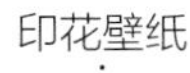

印花壁纸

木质踢脚线

白枫木饰面板

肌理壁纸
白枫木饰面板

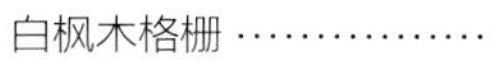

白枫木格栅
有色乳胶漆

车边银镜

肌理壁纸

泰柚木饰面板

云纹亚光玻化砖

白枫木装饰线

有色乳胶漆

▶ 餐厅背景墙用水泥砂浆找平，用木工板打底，用环保玻璃胶将车边银镜固定在底板上，完工后用不锈钢条收边；最后用钢钉及胶水将订制的装饰立柱固定。

主要材质： ❶ 车边银镜

木质踢脚线

釉面墙砖

印花壁纸

肌理壁纸

实木装饰立柱

布艺软包

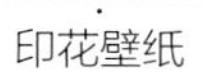

印花壁纸

车边银镜

木质花格

车边银镜

手绘墙饰

马赛克

条纹壁纸

车边灰镜

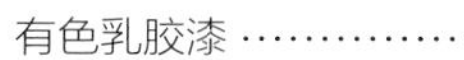

有色乳胶漆

白枫木饰面板

◀ 餐厅背景墙用水泥砂浆找平，用大理石AB胶将马赛克固定在合适位置，完工后用木质收边条收边；剩余墙面满刮三遍腻子，用砂纸打磨光滑，刷一层基膜，用环保白乳胶配合专业壁纸粉将壁纸固定在墙面上。

主要材质： ❶ 印花壁纸

❷ 马赛克

印花壁纸

黑白根大理石波打线

印花壁纸

车边银镜

黑镜装饰线

肌理壁纸

皮革装饰硬包

卧室背景墙

肌理壁纸

金刚板

◀ 卧室背景墙用木工板做出凹凸造型及硬包的基层，用粘贴固定的方式将硬包固定在底板上，两侧对称墙面装贴饰面板后刷油漆；剩余墙面满刮三遍腻子，用砂纸打磨光滑，刷一层基膜，用环保白乳胶配合专业壁纸粉将壁纸固定在墙面上。

主要材质：❶ 印花壁纸

❷ 红樱桃木饰面板

❸ 皮革装饰硬包

卧室背景墙如何设计

精心设计的卧室背景墙，能很好地营造出温馨浪漫的氛围，创造出别具一格的卧室空间。卧室背景墙主要是床头背景墙和电视背景墙，最好选择其中的一面墙作为主要的装饰墙面。如果两面墙都采用浓重的设计，容易使空间装饰失去焦点，显得杂乱无章。通常，人们会选择将床头背景墙作为卧室装修的主要墙面。

印花壁纸

白枫木饰面板

布艺装饰硬包

布艺软包

皮革软包
肌理壁纸

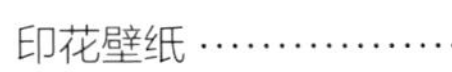
印花壁纸

金刚板

皮革软包

印花壁纸

木质装饰线描银

布艺软包

布艺软包

白色板岩砖

◀ 卧室背景墙面用水泥砂浆找平，木工板打底，用环保玻璃胶将车边银镜固定在底板上，再用蚊钉及胶水将软包固定；最后装贴饰面、刷油漆。

主要材质： ❶ 车边银镜

❷ 皮革软包

布艺装饰硬包

混纺地毯

灰镜装饰线

印花壁纸

皮革软包

手绘墙饰

布艺软包

泰柚木饰面板

印花壁纸

红樱桃木饰面板

肌理壁纸

艺术地毯

◀ 卧室背景墙用水泥砂浆找平，木工板做出软包的基层，用蚊钉及胶水将订制的软包固定在底板上，完工后用木质收边条收边；剩余墙面满刮三遍腻子，用砂纸打磨光滑，刷一层基膜后用粘贴固定的方式将壁纸固定在墙面上。

主要材质：❶ 皮革软包

❷ 仿古壁纸

▶ 卧室背景墙用木工板打底，用蚊钉及胶水将软包固定在底板上，完工后用木质收边条收边；两侧剩余墙面满刮三遍腻子，用砂纸打磨光滑，刷一层基膜，用环保白乳胶配合专业壁纸粉将壁纸固定在墙面上。

主要材质：❶ 白枫木百叶
❷ 布艺软包
❸ 条纹壁纸

印花壁纸

金刚板

白色乳胶漆

布艺软包

雕花灰镜　皮革装饰硬包

胡桃木装饰线

皮革软包

印花壁纸

印花壁纸

有色乳胶漆

布艺软包

印花壁纸

有色乳胶漆

有色乳胶漆

皮革软包

白桦木饰面板

混纺地毯

白松木板吊顶

皮革软包

卧室墙面选材应该注意什么

卧室是我们生活中最重要的活动场所，这里是否安全环保，直接关系到我们的健康状况。因此，卧室墙面选材，在满足功能性、实用性和装饰性的同时，最注重的应该是环保。市场上可供用于卧室墙面装饰的材料很多，有内墙涂料、PVC（聚氯乙烯）墙纸以及玻璃纤维墙纸等，其中卧室的墙面采用壁纸漆作为装饰材料是较为理想的。如果想让卧室更温馨、更高雅些，可以选用壁纸、壁布来装饰。如果想更个性化，并且经济比较宽裕，可以考虑使用表面有凹凸纹理的壁布，再根据自己的喜好涂上涂料。

车边银镜

艺术地毯

◀卧室背景墙用木工板打底，做出软包的基层，用蚊钉及胶水将其粘贴固定；用木质收边条收边；剩余墙面满刮三遍腻子，用砂纸打磨光滑，刷一层基膜后，用粘贴固定的方式将壁纸固定在墙面上。

主要材质：❶ 布艺软包
❷ 木质装饰线描银
❸ 肌理壁纸

有色乳胶漆

艺术地毯

印花壁纸　　艺术地毯

有色乳胶漆

胡桃木格栅

装饰银镜

有色乳胶漆

布艺软包

条纹壁纸

车边银镜

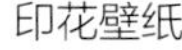

印花壁纸

布艺软包

条纹壁纸

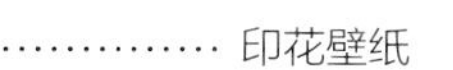

印花壁纸

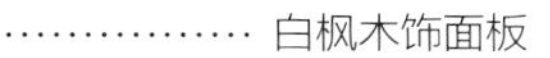

白枫木饰面板

布艺装饰硬包

印花壁纸

▶ 卧室背景墙用木工板打底并做出硬包的基层，用蚊钉及胶水将硬包固定在底板上；两侧剩余墙面装贴饰面板后刷油漆。

主要材质：❶ 皮革装饰硬包

❷ 红樱桃木饰面板

▶ 卧室背景墙用水泥砂浆找平，木工板打底，用环保玻璃胶将装饰镜固定在底板上，用蚊钉及胶水将软包固定，完工后用木质收边条收边；剩余墙面满刮三遍腻子，用砂纸打磨光滑，刷一层基膜后粘贴壁纸。

主要材质：❶ 皮革软包

❷ 车边茶镜

肌理壁纸

艺术地毯

皮革软包

印花壁纸

马赛克
印花壁纸

手绘墙饰

雕花灰镜

布艺软包

肌理壁纸

如何设计实用型卧室背景墙（1）

搁板取代床头柜：一个小小的搁板，同时利用平面和下端挂钩打造出双层收纳的效果。上端可以放置书本、相框等，下端可以挂一些手链、手表等，一般临睡前的小杂物都能顺手安置，完全取代了床头柜的作用。

墙上的报刊架取代大书架：对于杂志粉丝来说，最头疼的就是没有大书架展示自己喜爱的杂志，不过有了墙上报刊架就不同了，可以把喜爱的杂志分类放置，取阅方便的同时又有醒目的展示效果。

印花壁纸

实木花格

印花壁纸

木质搁板

白枫木装饰线

皮革软包

印花壁纸

有色乳胶漆

白桦木饰面板

有色乳胶漆

◀ 卧室背景墙用水泥砂浆找平后，满刮三遍腻子，用砂纸打磨光滑，刷底漆一遍、面漆两遍；最后用粘贴固定的方式将木质格栅固定。

主要材质： ❶ 白色乳胶漆
❷ 金刚板

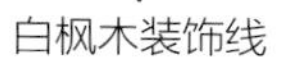

白枫木装饰线

红樱桃木百叶

肌理壁纸

金刚板

印花壁纸

皮革装饰硬包

装饰茶镜

皮革软包

密度板拓缝

白桦木饰面板

有色乳胶漆

白枫木百叶

皮革软包

装饰银镜

布艺软包

金刚板

仿皮纹壁纸

白色乳胶漆

▶ 卧室背景墙用木工板打底，用蚊钉及胶水将软包固定在底板上；剩余墙面满刮三遍腻子，用砂纸打磨光滑，刷一层基膜，用环保白乳胶配合专业壁纸粉将壁纸固定在墙面上；最后安装木质收边条。

主要材质：❶ 布艺软包
❷ 金刚板

布艺装饰硬包

布艺软包

皮革软包

印花壁纸

装饰壁布

红樱桃木装饰线

▶ 卧室背景墙用木工板做出凹凸造型，装贴饰面板后刷油漆；剩余墙面满刮三遍腻子，刷一层基膜，用环保白乳胶配合专业壁纸粉将壁纸固定在墙面上。

主要材质：❶ 白枫木饰面板

❷ 印花壁纸

密度板混油

混纺地毯

皮革软包

红樱桃木饰面板

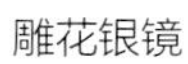

雕花银镜

肌理壁纸

如何设计实用型卧室背景墙(2)

木条架取代衣帽架：衣帽架是现代居室中必不可少的，但是传统的衣帽架样式厚重，如果仍布置到小户型中，就会占用空间。不如把这一功能移到背景墙上，用木条拼出随意的图案，格子间可以插上照片或者留言板，钉上一些钉子就能挂衣帽，再加上一层搁板还能置物。随意变化的方式最适合小户型选用。

简易搁架取代装饰柜：普通的横向搁架会经常用到，但将其竖起来或倒过来也有妙用。利用搁架的不同造型不仅让背景墙显得更美观、更生动，不同大小的搁板位置还能放置不同的装饰，起到装饰架的妙用。

红樱桃木饰面板

印花壁纸

金刚板

实木雕花

皮革软包

有色乳胶漆

金刚板

条纹壁纸

印花壁纸

白枫木百叶

白枫木百叶

印花壁纸

布艺软包

印花壁纸

艺术地毯

白枫木饰面板